科学キャラクター図鑑

海の世界
命のみなもと！

サイモン・バシャー／絵 ● ダン・グリーン／文 ● 小川真理子／訳

玉川大学出版部

Oceans by Dan Green, Simon Basher
Text and design copyright © Toucan Books Ltd. 2012
Illustrated copyright © Simon Basher 2012
The original edition is published by Kingfisher,
an imprint of Macmillan Children's Books, London.

Japanese translation published by arrangement with Macmillan Children's Books,
a division of Macmillan Publishers Ltd. through The English Agency (Japan) Ltd.

もくじ

はじめに　海　4

第1章　水の世界　6

第2章　海は動く　16

第3章　浜(はま)のギャング　28

第4章　サンサン　サンゴ礁(しょう)　50

第5章　広い海原(うなばら)で　68

第6章　深海紳士録(しんかいしんしろく)　88

第7章　お寒いやつら　98

第8章　海の探検者(たんけんしゃ)たち　114

用語解説　124

博物館案内　125

読書案内　126

はじめに

海

　惑星・地球のほとんどをおおう、限りない「水」の広がり——洋々たる青き世界へようこそ。この暗い深みには、無数の不思議が潜んでいます。ここにすむ生き物は、塩が体の水分をうばうのを防がなくてはなりません。「光」はせいぜい水深100〜200mくらいまでしか届きませんから、波の下で温度は急速に下がり、深くなるにつれて水圧も増します。「音」は、水中では遠くまで届きます。そうです、ここは神秘的な水色の王国なのです。

　最近の研究によると、海に生きる生物は23万種といわれていますが、まだ発見されていないものはその4倍にもおよびます。この不思議な世界への案内人は、ジャック・クストー船長（1910–1997）。このフランス人は、変人で、探検家の草分けで、科学者で、映画監督で、作家で、潜水装置（アクアラング）の共同発明家で……フー、疲れた！　テレビのドキュメンタリー番組は120本以上、本も50冊以上つくりました。

　彼のおかげで海の中の知られざる世界が明らかになってきたのです。ジャック・クストーは、人間が海の生物にどのような害をあたえているか、この驚くべき世界を守るためにはどうしたらいいか考えはじめた最初の人でもありました。海はほんとうに広いので、この本では海面に指の先をちょっと浸すくらいのことしかできないでしょう、でもぐずぐずしないで。さあ、海の中に入っていきましょう！　水は気持ちいいですよ！

ジャック・クストー

第1章
水の世界

　われわれのすむ惑星・地球は特別です。だって、太陽系の惑星のなかで表面に水があるのは地球だけなんですから。なにしろ、この大きな球体の約4分の3は海におおわれています。この惑星に"地"球なんて名前をつけたのは、いったいだれなんでしょうね、ほとんど"水"だっていうのに！　……というわけで、かっこよくてワイルドな水世界のメンバーをここでご紹介しましょう。陸上のどこよりも高い山や深い谷間、びっくりするほど広い平原などに会えますよ。そして、キャプテン・大洋（大きな海）をお忘れなく！　さあ、水の世界に足を進めましょう。

大洋（たいよう）

海（内海など）（ないかい）

海の垂直区分（すいちょくくぶん）

中央海嶺（ちゅうおうかいれい）

海溝（かいこう）

大洋

■ 水の世界

- 外洋とも呼ばれるこの塩からいやつは地球表面の約66％をおおっている
- 地球の水圏（地球上で水が占めている部分）のほぼ4分の3は大洋だ
- 水圏は地球の内側、表面やそのまわりにあるすべての水をふくむ

ヨー！　わたしは青い目の巨人。地球の表面を広く、ずっと遠くまでおおっているヨー。わたしの内側深くまで目をこらして見てごらん。その神秘さや不思議さに、圧倒されるはずだヨー！

わたしは、体積にするとものすごい。だから太陽エネルギーの受け皿になっているんだ。太陽の光を吸収して地球を暖かく保ち、気象にも影響をあたえている。わたしの流れが地球の風の吹き方を決めるんだ。わたしの体は1つだけど、5つの大きな大洋に分けられる。最も大きいのが太平洋。これはアメリカ、アジアからオーストラリアまで広がっている。大西洋はいちばん塩っからいんだが、これはヨーロッパからアメリカまで続いている。あったかいインド洋はアフリカの東海岸からインドまでだし、極寒の南氷洋は南極大陸をぐるっと囲んでいる。最後に、小さくて凍りついて震えているのは北極海だ。ブルブル！

- 海全体の面積：約3億6000万km^2
- 海全体の体積：約13億km^3
- 平均の深さ：3790m

大<ruby>洋<rt>たいよう</rt></ruby>

海（内海など）

■水の世界

✴︎ ○○海と名前のついている海がある
✴︎ しばしば、せまい海峡によって大洋とつながっている
✴︎ カスピ海のように、大洋からまったく切り離されているものもある

　ホーイ！　われわれは大洋の小さい友だちだよ。大洋に比べるとスケールはちょっと小さいし水の量もそれほどではない。でも、壮大な地球の塩水物語のなかで、重要な役どころなんだ。

　われわれと大洋のちがいは、われわれのほうはしばしば陸に囲まれているということ。もちろんたいていの場合は、あの大きなやつと水路でつながっているんだ。われわれの名前は、冒険やロマンスを思い起こさせる。たとえばセレベス海。これは太平洋の西にあって、見事なサンゴ礁と悪名高い海ぞくで知られているよ。大西洋北部のサルガッソ海。これは、まわりに陸地がないゆいいつの海だ。まわりを大西洋の速い流れに囲まれていながら、サルガッソ海の水は静かで、透明な深いブルーをたたえている。アメリカやヨーロッパのウナギははるばると旅をしてきて、ここの豊富な流れ藻の下に卵を産むのだ。藻は、幼いカメが、あたりをうろついている殺し屋から隠れるのにも役立っているよ。

●日本の内海：瀬戸内海（表面積約2万km²）
●1ℓの海水にふくまれる塩分の量：約35ｇ
●地球のバイオマス（生物量）の90％以上は、海の生物

海（内海など）

海の垂直区分

■水の世界

✸ いろいろな深さでの海洋環境
✸ それぞれの層で光、水温、水圧などが異なる
✸ どの層にも、なんらかの形の生命体が存在する

　海は地球上に広がっているが、深さももっている。さあ、もぐってみよう。水面から海底まで下がっていくごとに、まわりのようすも変わっていくんだ。

　いちばん上は太陽光が届く層だ。植物がよく育つのにじゅうぶんな光が届くのは、水面から100〜150mくらいまでの深さだ。だから、海に生きる生物の約90％は、ここにくらしているか、ここで食事をしている。そのすぐ下の薄光層には、青い光がほんの少しだけ届く。ここは非常に寒く、水圧も増し、おしつぶされそうなほどだ。ここには植物は生息せず、いるのは飢えた肉食動物だけだ。もっと下の無光層は真のやみで、0℃に近い泥の海底が広がっているところもある。ここは海底にすむ生物や夜行性捕食動物のすみかだ。最後に、非常に深い深海層（水深6000mまで）や超深海層（水深6000m以上）がある。ここでは海溝がぐっと落ちこんでいて、これ以上行けないくらい深い。

●有光層（表層）：0〜200m
●薄光層（中深層）：200〜1000m
●無光層（漸深層）：1000〜4000m

海の垂直区分

中央海嶺

■ 水の世界

☀ 新たに大洋海底を形づくっている若い山脈
☀ 最も長い海底山脈として知られている
☀ 高い山の頂は、海洋島に成長することがある

わたしは海底の山脈。高くてがっちりしているので、陸上の山なんか小さく見えるよ。わたしの上に海山が立ち上がり、時には海面を突き破って島やサンゴ礁になる。山脈はたがいに連結しあっている。わたしには特別な力があるんだよ。熱くて火山性なので、溶岩を押し出して新しい海洋地殻をつくっているんだ。そのため、大陸どうしはゆっくりと引き離されていく。

中央海嶺

- 中央海嶺山脈の全体の長さは、6万5000km以上
- 海洋地殻の厚さは、約6km
- 最も高い山：ハワイ島のマウナ・ケア山（海底から頂上まで約1万m）

海溝
水の世界

* 大洋の中で最も深く、暗く、寒い場所
* 地殻が地球内部に引きずりこまれていく、大きな溝
* 今までこの深さまでもぐった潜水艇は、たった3艇だけ

海溝

　吾輩は、深みの中の深み。地球が海底を飲みこんでその内側に引きずりこもうとしている溝じゃ。恐ろしい！　わしの深い溝や裂け目は、海底から何千メートルも下まで険しく落ちこんでおる。ここは頭がつぶれるほどの水圧だし、水温は凍えるほど。人間どもは、わしについては何も知らんよ。やつらは、むしろ月の表面についてのほうがくわしく知っておるくらいじゃ。

● 最も深い地点：1万924m（チャレンジャー海淵、マリアナ海溝）
● エベレスト（世界最高峰の山）の高さ（8848m）よりも深い
● 海溝域の正式名称：超深海層（ヘイダルゾーン）

第2章
海は動く

　地球の大部分が、流れる水でおおわれている——ということは、この世界には"動き"があるということ。風が、海水をあっちへ押し、こっちへもどしすると波ができ、これがエネルギーを運びます。海の世界は、潮流がくるくる渦巻いて、いたずらを始める場所なのです。一方、月が地球の表面を自分のほうへ引っ張るので、海の水は軌道方向にふくらんで、潮が上がったり下がったりします。もちろん、このゲームで重要な役を演じるのは海流です。暖かい水を地球上のあらゆる場所に運ぶこのかきまぜ屋は、世界の気象をも動かしているのです。それはもう、おおさわぎ！

波

しお
潮の満ち引き

ちょうりゅう
潮　流

かいりゅう
海　流

き しょうけい
気象系

波

■ 海は動く

- ✹ 水を通じて伝わり広がる、エネルギーの高まり
- ✹ 風が引き起こす波が絶えず海岸線に打ち寄せている
- ✹ 殺人波"津波"は、風によってできる波ではない

　グォ──！　おれさまは海のライオンだ。たてがみを震わせ、吠え声をあげ、世界中の海辺や断崖にくだけ落ちるのだ。おれの人生は、つねにアップ＆ダウン。でも、すっごく楽しいよ！

　おれは、たいてい風によってつくられる。空気と海面とのまさつによってエネルギーが風から水に伝わり、海面の浮き沈みを引き起こす。おれは水を通して周期的に動くだけで、なにかをおれといっしょに持ち去ることはしないよ。岸辺に打ち寄せるまではね。サーファーは、おれのくだけ散る波に乗るんだ。すごいね！　津波は、おれのいちばんひどい状態だ。この巨大な波は、海底火山、地滑り、爆発や隕石衝突などで引き起こされて、ほとんど目につかずにずっと遠くまで伝わっていく。そして、陸にぶつかったところでめちゃくちゃに破壊するんだ。

- ●嵐による最も大きな波：29.1m（10階建てビルの高さくらい。大西洋、2000年）
- ●最も大きい津波：高さ524m（アラスカのリツヤ湾、1958年）
- ●おもちゃのアヒルは波を受けてもほとんど前に進まず、輪を描くだけ

波

潮の満ち引き

■ 海は動く

- この、満ちたり引いたりするやつは、月と仲よし
- 月の引力が、海面を上げ下げする
- 満潮と干潮は、ふつう1日に2回ずつある

　わたしはちょっと変わっているの。月が頭の上を通ると、海水がそちらのほうに引かれてしまう。じつは、これは月の引力によるものなの。地球全体が引っ張られるんだけど、なにしろ水のほうが地面よりも動きやすいじゃない。だから、あっちとこっちに引きずられてしまうの。

　満潮時には、海岸の水位が上がる。港や入江には水が満ち、波は浜辺のごく近くでくだけ、潮津波と呼ばれる潮波が川を逆流する。でも、干潮時には港や入江は空っぽ。波はずっと向こうに引き、干潟や潮だまりが出現して、浜辺の生き物たちは太陽にさらされてあわてふためいている。太陽と月と地球が一直線に並ぶと、大潮になる。この時は、ふだんよりももっと強く引かれるので、潮はものすごく高くなる。「最高潮！」ってわけね。

●最も大きい干満差の記録：21.6m（カナダのフンディ湾　1869年）
●大潮：ふだんよりも20％程度、海面が上昇する
●満潮時刻は、1日に約50分ずつずれていく

潮の満ち引き

潮流
海は動く

- 海面か、海面のすぐ下での、海水の強い流れ
- 潮の逆流が起こったり渦ができた時には、泳ぐのは危険
- 海岸で、潮の干満が逆転する時に生じやすい

　おれは、ひねくれペテン師。最も危険なやつ。ふところにいっぱい、いたずらの種を入れている。今だって、きみを引きずりこもうとしているところさ。気をつけろよ！

　おれは、自分の考えをしっかりもっている。時流に流されるなんてとんでもない。特に、速い水路で流れに逆らうのがだいすきなんだ。引き波はもどっていく波ですごく強力だから、足をすくわれるぜ。離岸流は、波が後ろから寄せてきて水を海岸に沿って横に押しやるために生じる、急な流れだ。この離岸流の波は、水路を通って海にもどる時に押し寄せる波とぶつかるので、平らな波になってしまう。それで、海は静かなように見えるんだけど、とんでもない。あんたを安全圏から連れ去ってしまうこともあるよ。おれのいちばん恐ろしい形は、大渦巻だ。この渦は、ものを海面より100m以上も下まで吸いこんで、海底に引っ張りこむこともできるんだ。

- ●世界最速の潮流：ノルウェーのサルトストラウメン（最高時速約40km）
- ●世界一の大渦巻：日本の鳴門海峡（直径約30m）
- ●離岸流に巻きこまれての死亡事故は、雷や台風によるものよりも多い

ちょうりゅう
潮流

海流

■ 海は動く

☀ 大量の海洋水がつくる、地球規模の流れ
☀ 還流と呼ばれる5つの巨大な循環系がある
☀ この大きな水の環は、地球の自転によって引き起こされる

　ちっぽけな潮流なんて、わたしに比べればかきまぜ棒みたいなもんだ。水の流れに関していえば、潮流よりもわたしのほうが世界中に送りこんでいるんだ。わかったかい、わたしがいちばんのかきまぜ屋だ。
　北大西洋循環とかインド洋循環とか呼ばれるとゆっくり流れているような感じだが、そんなことはない。わたしは、地球の自転に動かされて巨大な輪を描いてぐるぐる回っているので、その方向に行く船はスピードが速くなる。一方、海の下のほうでも海水を循環させている。水温や密度差が深層流を動かし、北極海にも熱を届けているんだ。この深層水が浮上するとき、栄養分を深みから持ってあがり、海洋生物に豊かな食事を提供する。生き物たちはまた、わたしを水中高速道路としても利用している。わたしに乗っかれば、すばやく移動することができるからね。

- ●流量単位：スベルドラップ（Sv）　※1Sv＝毎秒100万m³の海水
- ●最も流量が多い海流：南極環流（125Sv）
- ●海洋大循環（グローバルコンベアーベルト）：深層流の別名

海流

気象系

■ 海は動く

- ✺ 動いたりかきまぜたりして、地球の気象をコントロールしている
- ✺ 暖かい水が地球全体に移動するのを助けている
- ✺ 貿易風は、アフリカ大陸のほこりをカリブ海にまで運ぶ

　海流とわたしは、車とトレーラーみたいにつながりあっているんだけど、ときどきどちらが引いているのか押しているのかわからなくなるの！
　貿易風は、太陽の熱で動きはじめ、地球の自転で曲げられて、赤道上空で西に向かって吹く。この風が海の水を動かし、同時にわたしの気象体系もつくりだして、これが地球全体に影響するの。でも、わたしもまた海流に左右される。たとえば、熱帯から北のほうにいく暖かい水の流れがあるので、南極よりも北極のほうが暖かいの。ほかにも、太平洋の海面の温度上昇が5年ごとのエルニーニョ現象を引き起こすとか……。風が海を動かすというふつうの気候サイクルとはまったく逆だわね。

●モンスーンの降雨：1万mmにおよぶ（インド半島、6月〜9月）
●台風、ハリケーン、サイクロンは、どれも熱帯の海で生まれる
●ラニーニャ：エルニーニョと反対で、海水の温度がふつうより低くなる

気象系
き しょう けい

第3章
浜のギャング

　陸地のまわりの浅い水域なんて、海全体の体積からするとスズメの涙みたいなもの。でも、海産物の90％以上はここでつくられるのです。稚魚たちは、大きくなって外海の冒険に出られるようになるまで、ここで過ごします。近寄ってみると、浜は寄せる波や潮に洗われて、さまざまな生息場所をつくっています。砂浜、磯や断崖、広い干潟やマングローブなどです。ここは、今、海の中に沈んだかと思うと次の瞬間には水の外に出ているという、さまざまな生き物でひしめきあっています。潮だまりをちょっとのぞくと、風変わりな生き物たちがあたふたと逃げ出していくのが見られるでしょう。

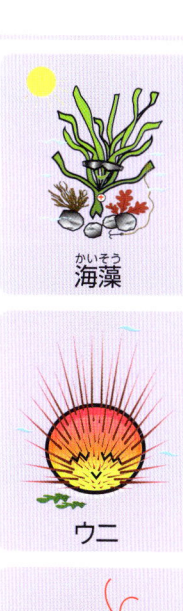
海藻(かいそう)

貝

ウミウシ

イソギンチャク

ウニ

エビ

フジツボ

カニ

ロブスター

タツノオトシゴ

トビハゼ

ウミイグアナ

ジュゴン

磯(いそ)の鳥たち

海藻
浜のギャング

* 赤や緑、茶色の藻類がある
* 最も大きな海藻のケルプは、海底で大きな森をつくっている
* 海藻中にはヨウ素があり、病気を寄せつけない

　われわれは典型的な海の植物だと思われているかもしれないけど、それぞれちがうし、たがいに似たところなんてない！　われわれのいくつかは植物として分類されているが、大多数はちがう分類になりたがっている。

　そう、われわれは葉や茎や根のようなものをもち、平べったい部分でほかの植物と同じように光合成をして、光からエネルギーを得ている。だけど、ほかの植物とちがって、われわれは水からの栄養を直接皮膚から取りこんでいるんだ。根っこは岩にしがみつくためだけの役目さ。われわれの仲間には、革のようにがんじょうでタフなやつもいる。海から出て何時間もぎらぎらする太陽に照りつけられてもだいじょうぶなようにね。また、空気の入った袋をもっていてプカプカ浮かんでいるやつらもいる（浮遊性の仲間だ）。太陽の光を求めて、われわれはどこにでもイカリをおろす。あんたとちがって、われわれは砂浜よりも岩だらけの海岸のほうが好きだ。だって、なにかかたいものにしがみついていなくてはならないでしょ！

● 最も大きい海藻：ジャイアントケルプ（長さ約60m）
● ものすごい勢いで伸びる海藻：ジャイアントケルプ（1日に約50cm）
● 利用：すし、サラダ、スープ、海藻パン、かんてん

海藻
かいそう

貝

■浜のギャング

✤ 3つのおもなグループに分けられる
✤ 骨格はない
✤ 護身用の貝殻を、1つか2つもっている

　わたしたちのことを、家にばかりいる"ひきこもり"だといってもいいわ。でも、わたしたちは保険をかけたがる慎重派なの。万が一に備えて、やわらかい体をかたい殻で保護しているってわけ。

　わたしたちの仲間は多様で、腕足類（チョウチンガイ）、二枚貝（アサリ、イガイ）、それと腹足類（巻貝）などがふくまれる。海辺を歩いてごらんなさい。波のすぐ下やきらめく潮だまりに見つけられるのは、岩に吸着しているカサガイやお食事中のタマキビ、ジェット推進力で泳ぐホタテガイ、美しい真珠の入ったカキ、はい回る巻貝、いろいろな二枚貝などね。腕足類と二枚貝は、岩に張りついたり砂に埋もれたりして生きていて、海水をこして餌を得ているの。それに対して巻貝類は、岩についた海藻を食べたり、肉食のものはほかの貝を食べちゃったりするの。

●最も大きい二枚貝：オオシャコガイ（最大殻長130cm以上）
●トンネルのシールド工法：フナクイムシ（二枚貝）の穴の開け方にヒントを得た
●貝殻の化学組成：$CaCO_3$（炭酸カルシウム）

貝

ウミウシ
浜のギャング

* 巻貝の仲間だが、貝殻も骨格もない
* 食事にうるさく、限られた餌しか食べない
* 形や色は最もバラエティに富んでいて、浅く暖かい海で見られる

　すてきなドレス！　わたしはさまざまなパターンや色を着こなすの。ショッキングなくらいがいいのよ、わかった？　かたい殻なんてわたしにはわずらわしいだけ。わたしのスタイルを固定しちゃうし。だから、おとなになる時に脱いじゃうのよ。

　海底を動きまわりながら、わたしは触肢を使ってまわりをさわったり、獲物を味わったり、かぎつけたりするの。食事については、わたしはけっこう、うるさいの。ウミウシ全体としては、なんでも食べるの。トゲつきカイメンとか刺胞のあるヒドロ虫、どろどろしたホヤなんかもね。でも、それぞれの種は、そのうち1つか2つのお気に入りのごちそうだけを毎日食べるわけ。わたしは特にイソギンチャクが好みよ。彼らの刺胞細胞はわたしの胃腸を通りぬけるの。わたしはそれを背中から出して自分の身を守るのに使っちゃう。わたしほど目につきやすくて攻撃されやすかったら、だれかのお食事にならないように、かしこくならなくちゃね。

● 雄と雌の器官の両方をもつ（雌雄同体）
● 成体の大きさ：長さ数mm〜30cm程度
● 分布：世界中のすべての海

ウミウシ

イソギンチャク

浜(はま)のギャング

* とってもきれい……だけど美の陰(かげ)には恐(おそ)ろしいわなが……
* 小さい無脊椎動物(むせきついどうぶつ)で、2つに分裂(ぶんれつ)（無性生殖(むせいせいしょく)）するものもある
* 1か所に定着しているが、必要なときには足盤(そくばん)を使って逃(に)げる

　わたしは"海の花"と呼(よ)ばれているの。でもわたしの香(かお)りをかごうとしてはいけないわ。たなびいているわたしの触肢(しょくし)は刺胞細胞(しほうさいぼう)でおおわれていて、小さな毒のあるとげで突(つ)き刺(さ)すの。小さい魚やエビはマヒしてしまうから、それを取りこんで消化するわけ。でも、だれにとっても恐(おそ)ろしい存在(そんざい)というわけではないの。カクレクマノミはわたしのとげに刺(さ)されてもへっちゃらだし、わたしを背中(せなか)にくっつけて喜んでいるカニもいるわ。

イソギンチャク

- イソギンチャクの移動速度(いどうそくど)：時速数cm
- 大きさ：1cm前後(ぜんご)のものから1.5mくらいまで
- 分布(ぶんぷ)：世界中の浜辺(はまべ)、浅い海、深い海

ウニ

浜のギャング

* このトゲトゲの生き物は、内側に殻をもっている
* ヒトデやクモヒトデ、ナマコと同じ棘皮動物
* ウニの英名"Urchin"は、ラテン語で「ハリネズミ」の意味

ぼくは丸くてトゲだらけ。透明な管足をもっているよ。磯だまりやサンゴ礁をゆっくりと進んで、海藻やカイメン、かたいフジツボなんかを探してはこそげ落としてむしゃむしゃ食べるんだ。鋭いトゲと、かたいよろいの下は、星形でやわらかなんだよ。ぼくを見ておいしいなんて、絶対思わないよね。でも、ラッコやウルフイール（オオカミウオ科）、それに人間は、ぼくのやわらかい体に夢中なんだ。

● 平均的な大きさ：6〜12cm
● 最も大きいウニ：スペロソーマ・ギガンテウム（殻径32cm）
● 最もトゲが長いウニ：ガンガゼ（トゲの長さ30cmくらい）

37

エビ

■ 浜のギャング

✺ 手が10本の甲殻類で、カニ、イセエビ、ロブスターの仲間
✺ 海底に近い岩場をぶらついている
✺ 海に進出した節足動物

準備万端なんにでも備えているように見えるだろ？ 頭には触角アンテナがある。足は5組もあるし、いくつかは爪つきだ。そのうえ、頭にはヤリがついたヘルメットをかぶっている。ああそれなのに、わたしは不安で神経症だ。なぜだかわかる？ わたしはおいしいんだよ！ わたしがおだやかに、死骸なんかを食べている時に（これなら、みんな平和だよね）捕食者がやってきたら、岩陰に逃げこまなくちゃ。

エビ

- 最大のエビ：ブラックタイガー（約36cm）
- 世界のクルマエビの消費量：年間約90万t
- 日本人1人あたり年間消費：約2.5kg

フジツボ
浜のギャング

- このがんじょうなねじ頭は貝殻みたいだけど、カニの仲間
- 岩や船、クジラなどにしっかりとしがみついている
- 雄と雌の両方の器官をもつ（雌雄同体）

フジツボ

　貝たちのやり方をまねて、ぼくもこのやわらかい体をかたい殻でおおっている。ぼくは、岩にしがみついて天板でしっかりふたをする。そうすれば捕食者も入りこめないし、干潮の時にも太陽で乾燥するという危険をさけられるからね。波の荒い、厳しい浜にすむための、スマートなやり方だ。満潮の時はこの天板を開けて羽のような足をのばし、水から餌をこしとるよ。

- 大きさ：0.5〜5cm
- 1000種以上の種が知られている
- 寿命：1年〜数十年

カニ

■ 浜のギャング

- 10本足（内2本はハサミ）の横歩き、よろいを身に着けている
- ハサミをたたいたりふったりして会話する
- ロブスターと近縁だが、カニは尻尾をしまいこんでいる

　クリック、クラック！　わたしはがんじょうな海辺のゴミ拾い屋。オシャレなハサミで、餌を引っぱりだすの。なんでも食べるのよ。お気に入りは、岩の多い海岸。そこに行けば水辺をさーっと逃げていく、柄つきの目（ほんと！）をしたわたしが見られるわ。わたしっておいしいって知られてるので、安全のためにイソギンチャクを背中に乗せることもあるわ。「虎の威を借る」じゃなく、「イソギンチャクの針を借る」ってわけ。

カニ

- 最も小さいカニ：マメガニ（雄は4mmくらい）
- 最も大きいカニ：タカアシガニ（ハサミを広げると3～4m）
- 分布：世界中の海

ロブスター
浜のギャング

* 10本の足をもつ甲殻類。前の3対には爪がある
* 海底を音もなくうろつく雑食動物
* おいしいやつだが、釣り上げ時の大きさ制限で守られている

ロブスター

活動家のカニとちがって、わたしは波の上をすばやく走り回ることはできないの。わかるでしょ、わたしは高級市場向けなのよ。わたしの血は青いの。銅がふくまれているのでね。わたしは岩の下や割れ目などで孤独な生活を送っているけど、産卵場に向かって集団で行進（横歩きじゃないわ、まっすぐに）しているのを目にするかもしれない。逃げなきゃいけない時は、腹をぐっと急激に引きつけて、後ろに跳ぶの。

- 最も重いロブスター：アメリカンロブスター（約20kg）
- 泳ぐ速さ：最大秒速5mくらい
- 分布：世界中の海

タツノオトシゴ

■ 浜のギャング

* 満月のもとで結婚する、ヨウジウオの仲間
* かぶっている冠は、指紋と同じように個体によってちがう
* ギリシャ神話のポセイドン（海の王）の乗り物

　わたしは奇妙な魚だよ。長い顔、太鼓腹、物思いに沈んだ顔……。海底にすむ小さな教授という風情だね。もちろん、わたしは走り回るタイプではない！

　たしかにわたしは、この世界で最もゆっくり泳ぐ。休む時はくるっと巻いた尾を海藻に巻きつけておくんだ。立ったまま泳ぐ魚はわたしだけ。海藻の森林の中をひらひらしながら、とても小さなエビ、魚の赤ちゃんやプランクトンを追っかける。大きさは魚程度だけど、皮膚はうすくて、いる場所に合わせて色が変わるんだ。わたしにとって、結婚は大きなパフォーマンスだ。パートナーといっしょに尾をつなぎあってぐるぐる回ったりしておどるんだ。機が熟したら、彼女にわたしのおなかの、空っぽの育児袋を見せる。すると、彼女は卵を産んで、わたしの育児袋に入れる。世界中で、男が妊娠するのはわたしだけだよ！

- 大きさ：15mmくらい（ピグミーシーホース）〜35cmくらい（ポットベリード・シーホース）
- 海藻にそっくりなタツノオトシゴ：リーフィーシードラゴン
- 分布：浅い温暖な海

タツノオトシゴ

トビハゼ

浜のギャング

* 水陸両生の魚。水の外では皮膚呼吸をする
* 強力なヒレを使って、空中60cmくらいまで飛び上がれる
* 捕食者から逃れるために、水面に出ている木の根元で休む

ジャンプくんを見てくれ。正真正銘の魚なのに水の外にいるんだ！　驚いた？　飛び出した目と背中のヒレで、もしかしたらきみはカエルかトカゲとまちがえたかもしれないね。ぼくは潮が引いても安心していられる。あわてて潮だまりや海藻の陰に逃げこむ必要はない。泥の中でじつに幸せなんだ。パンパンにふくらんだ胸ビレを使って跳ねまわる。エラに空気いっぱいの水が入っているから、呼吸できないことはないんだよ。

トビハゼ

- 平均的な大きさ：長さ9cmくらい
- 仲間：ムツゴロウ、ミナミトビハゼ
- 分布：熱帯の干潟かマングローブの沼地

ウミイグアナ
浜のギャング

* 海にすむトカゲは、ウミイグアナだけ
* おとなしい草食動物だが、モヒカン刈りみたいなトゲトゲがある
* チャールズ・ダーウィンは、わたしのことを"やみの小悪魔"と呼んだ

ウミイグアナ

かみそりのような歯と長い爪のせいでこわそうに見えるけど、ぼくは凶暴ではない。おいしい海藻さえあればいいんだ。ぼくの平たい鼻は岩にじゅうぶん近づけるので、へばりついた海藻を食べることができる。採るのがめちゃくちゃたいへんなんだけど、べらぼうにおいしいよ。ぼくのゴツゴツした顔は、白い塩でレースのようにおおわれている。きみだって、塩をたくさん食べてくしゃみをしたら、体中に飛ばしちゃうだろ？

- ●平均的な大きさ：長さ0.6m（雌）、1.3m（雄）
- ●潜水：深さ15mくらいまでもぐることができる
- ●色：雄は暗い灰色だが、婚姻時には赤い模様がつく

ジュゴン
浜のギャング

- 大きな海洋性哺乳類。"海牛"ともいう
- マナティやゾウの仲間
- 沿岸海域にすむこのやさしい巨人は絶滅しつつある

　船乗りたちが、わたしのことを人魚とまちがえたというんだ。へぇ〜、彼らは海に長居しすぎたんじゃないのかね？　わたしはとてもすべすべした茶色い肌をしてはいるけど、犬みたいなあごはやわらかく、口は下に曲がっている……。どう見ても、美人とはいえないのにね！

　わたしがいちばん好きなのは、海草なの。このみずみずしくておいしい草があるところは、暖かくて浅い海。ここで牧草の見張りをしたり見回ったりして過ごしているわけ。わたしは浅瀬が好きで、よく頭を水の外に出して新鮮な空気を吸う。でも、必要なら40mももぐることもできる。鼻の穴から深く空気を吸って、6分間はもぐっていられる。残念なことに、わたしの牧草地がなくなりつつあるの。それに、漁の対象になったり、まちがえて網でとらえられたりするし……。だから、わたしは絶滅の危機にさらされているんだ。もうすぐ、永遠にいなくなるよ〜。

- ●平均的な大きさ：2.7m
- ●寿命：70年以上
- ●分布：東アフリカからオーストラリアにかけての暖かい沿岸海域

ジュゴン

磯の鳥たち
■ 浜のギャング

- 潮間帯にすむ、水辺を歩く鳥たち
- みんな注意深くて熟練したハンターで、くちばしが長いものもいる
- 餌たちがどんなにじょうずに隠れようと、見つけ出す

　われわれは、浜辺でビーチコーミングする輝かしい鳥の一団だ。海岸は気どって歩き、ぬれた砂地はバシャバシャ歩き、ガラクタはふるいわけ、われわれはチームを組んで浜の作業をしている。

　ここでは、弱っちょろいやつは生きていけないよ。すっごく寒いんだ、ダウンのコートを着ていたとしてもね。でも、そのかわりごほうびはでっかい。のたうちまわっているおいしいゴカイ、汁気たっぷりの貝類やハマトビムシ、砂を身にまとった風変わりなスナホリガニなど。干潟を歩くのはだいすき。だって、干潟では分け前が豊富なんだもの。狩りのテクニックはいろいろある。くちばしで砂を突っついたり、石をひょいとひっくり返したりする。くちばしの先に神経が集中していて餌が見つけやすい仲間もいるよ。われわれは、種によってくちばしの長さがみなちがう。ということは、同じ海岸で餌をとっても、ほかのやつらと餌の取りあいはないということだ。すごいトリックでしょ！

- いちばん小さい磯の鳥：アメリカヒバリシギ（全長13cmくらい）
- いちばん大きい磯の鳥：ホウロクシギ（全長63cmくらい）
- シギ、イソシギ、サヤハシチドリ、チドリ、ミヤコドリなどがふくまれる

磯の鳥たち

第4章
サンサン　サンゴ礁(しょう)

　　色とりどりの美しいサンゴ礁(しょう)。そこはまた、恐(おそ)ろしく野蛮(やばん)な行為(こうい)がなされる場でもあります。サンゴ礁(しょう)はまるでお祭りさわぎ。なにしろ水生生物の約4分の1は、サンゴ礁(しょう)にすんでいるか、そこにたむろしているのですから。サンゴ礁(しょう)そのものも生きていますが──小さなサンゴのポリプがすんでいます──このどんちゃんさわぎをする海の生き物たちのすまいでもあるというわけ。そして、サンゴ礁(しょう)社会は愛すべきサンゴの健康に依存(いぞん)しています。ところが、サンゴは繊細(せんさい)で、環境(かんきょう)の変化のために絶滅(ぜつめつ)の危機(き)が増大(ぞうだい)しています。暖(あたた)かくて明るい水域(すいいき)を好むサンゴですが、いくつかの耐寒性(たいかんせい)の種は、北の深く暗い海への進出を試みています──ブルブル！

サンゴ	ウミウチワ	カイメン
ヒトデ	サンゴ礁のか弱い魚	サンゴ礁のハンター
ウツボ	エイ	ヒョウモンダコ

サンゴ

■ サンサン　サンゴ礁

✹ 家をつくっているのは、やわらかい体のポリプと呼ばれる生き物
✹ かたい石づくりのような家は、捕食者からの隠れ家となる
✹ ある種のサンゴはサンゴ礁をつくるが、これは何千年も生きる

　われわれは、上へ上へと詰めこまれていく高層住宅にすんでいる。炭酸カルシウムでできたこの白いアパートはギュウギュウ詰めだけど、きれいな水はたっぷりあるし、光もさすし、あたたかいんだ。

　"コーラルヘッド"と呼ばれるカラフルなサンゴのかたまりは、遺伝的には同一のポリプで、それぞれ直径数mm程度のポリプの一大集団なのだ。人手が多ければ仕事は楽になるっていうでしょ。ここでは人手不足なんかないんだよ。われわれの多くは、ゆっくり着実に家をつくる。石工としては熟練工だ。うそだと思ったら、グレートバリアーリーフを見てごらん。宇宙からだって見えるんだ！　1つのポリプに1室という規則はきちんと守って、栄養は水路を通して流すんだ。われわれはまた、藻と共生している。藻は、太陽からのエネルギーを得て、われわれに栄養を提供してくれるんだ。

● サンゴのタイプ：塊状サンゴ、枝サンゴ、円柱サンゴ、宝石サンゴ、テーブルサンゴ
● 深海サンゴ：ロフェリア（深さ3000mまで生息）
● 最も大きいサンゴ礁：グレートバリアーリーフ（長さ2600km）

サンゴ

ウミウチワ

■ サンサン　サンゴ礁

✺ サンゴ礁を形成しない軟質サンゴで、かたい岩に生える
✺ 色つきの枝を平たく広げる、イソギンチャクの仲間
✺ 小さい生き物をとらえる刺胞細胞をもつ

　わたしは海のクジャクでございます。でも気をつけて。わたしのムチは危険きわまりないの。いとこのクラゲやイソギンチャクと同じで、毒があるから——でなければなぜわたしのことをゴルゴニアンなんて呼ぶの？　ゴルゴンはギリシャ神話に出てくる怪物で、頭には髪のかわりにヘビが生えていたのよ——もてなしが悪いといわれるかもしれないけど、ごく小さいハゼやタツノオトシゴの安全な隠れ家にもなっておりますの。

●学名のゴルゴナケアは、ギリシャ神話のゴルゴンからきている
●種の数：少なくとも500種以上
●分布：浅い熱帯水域、特にカリブ海やインド洋、西太平洋

カイメン

サンサン　サンゴ礁

* 現存するものでは、最も単純な構造の多細胞生物
* かたい岩にくっついて、奇妙な形に成長する
* 胃腸はもっていないので、穴を通して水から餌をこしとる

　　もっとリラックスしたら？　わたしはつねに、単純さを保っている。それが平穏に生活するコツだよ。体にはいっぱい穴や水路が通っていて、そこを鞭毛が起こした冷たいきれいな水が流れていくんだ。これ以上なにが必要だっていうんだ？　水に浮かんだ餌をとるのに、流れを利用するというわけ。わたしは、すごいスーパーパワーももっている。体を切り刻まれても、再生できるよ。シンプル・イズ・ベストだね！

カイメン

- 大きさ：数mmから1mを超すものまで
- 種の数：5000くらい
- カイメンが1日にこす水の量：自分の体の2万倍くらい

ヒトデ

■サンサン　サンゴ礁

✺ 明るい色で星形の無脊椎・棘皮動物
✺ 腕や防護用のトゲをもち、海底にくらす
✺ 約2000種いるうちのほとんどは5本腕

　わかるだろ？　ぼくこそほんとのスーパースターなんだ！　めちゃくちゃハンサムなぼくは、腕をひろげ、短い管足で海の底を巡回するんだ。おいしいおつまみを探してね。
　立派なイガイ、水気たっぷりのハマグリ、おいしいけど貧弱な魚──動きがのろいわたしでも攻撃できるほどゆっくりなものは、なんでもいただきだ。獲物の上によじ登って、胃を外に出し、すぐに消化を始めるんだ。このような食べ方をするので、ぼくの口より大きいものでもむしゃむしゃ食べられるんだよ。これこそ究極のアウトドア、じゃなかった体外体験だよね！　ぼくには脳がないけど、能無しではないよ。神経系が張りめぐらされていて、腕の先には眼点という光を検出する部分があるんだ。ぼくはもし捕食者に腕を1本もぎとられても、再生することができる。仲間には、バラバラにされた腕から体全体をもう一度つくりなおすことができるものさえいるんだ。これこそスター級の手品だろ。

● 最も大きいヒトデ：ヒマワリヒトデ（約1m）
● 腕の多いヒトデ：タコヒトデ（50本くらいもっているものもいる）
● 分布：世界中の海

ヒトデ

サンゴ礁のか弱い魚

■サンサン　サンゴ礁

✺サンゴ礁にすむ魚たちは、びっくりするくらい個性的
✺この明るい魚たちは、防衛戦略をたっぷり身につけている
✺スピードよりも、たくみな戦略で生きぬく

　まばゆいほどの黄色、深い紫、青紫のきらめき……。ぼくたちって、たしかにすばらしいながめだね。でも、サンゴ礁が熱帯のパラダイスかどうか、よーく考えてみて。ここは冷酷な場所。サンゴとカイメンが、つねに領土争いをしているよ。

　ここサンゴ礁では、1日を生き延びるためだけでも、あらゆる毒やトゲでの護身が必要だ。ブダイは、オウムのくちばしのようなあごでサンゴをかじって、そこについた海藻を食べている。チョウチョウウオは、ピンセットみたいな口で、ブドウのようなサンゴのポリプをはさみ取っている。カクレクマノミは、トゲのあるイソギンチャクのまわりにたむろして、捕食者から逃れようとしている。そして清掃人のベラやエビは、サメや大型魚に召し使われて、歯をごしごしこすったり、古いウロコをはがしたり、寄生虫を取り除いたりする。みんなそれぞれ大忙し！

●サンゴ礁にすむ魚の種類：6000〜8000種
●ブダイがサンゴをかみくだいてつくる砂の量：1年に約90kg
●ある種のブダイは、夜、自分の周りを粘液でおおって保護する

サンゴ礁のか弱い魚

サンゴ礁のハンター

■サンサン　サンゴ礁

✺サンゴ礁の魚たちを震えあがらせる、冷血な捕食者
✺ネムリブカなどいくつかのものは、夜、群れで狩りをする
✺不意をついておそってくる捕食者を見つけるのは、非常に難しい

　殺しにしゃかりきとなり、手段を選ばない、われわれは世にも恐ろしいサンゴ礁のギャングだ。なかでも恐るべきなのが、ウルマカサゴやカエルアンコウ。彼らは海の下草にとけこんで、近くを泳ぐものがまったく気を許している時に突然おそってくる。
　一方、残忍なオニカマスはサンゴ礁の端をパトロール。その流線型の魚雷のような体型で、急激にスピードを上げることができる。どこからともなく急に現れて、カミソリのような歯で不用心な魚を引き裂いて切り刻んでしまう。ギンガメアジは勤勉なハンター。小魚をサンゴ礁の上のほうに追いやって、混乱とパニックのなかで逃げ遅れた魚をねらい撃ちする。ウミヘビの平たい尾は、魚を追ったり穴に隠れているウナギの狩りをするときにはオールの役割をする。われわれのなかで最もきらびやかなのが、ミノカサゴ、トゲのたてがみをもつやつだ。イタイ！

●最も毒性の強い魚：オニダルマオコゼ
●サンゴ礁のハンターで最も大きい魚：タマカイ（ハタの一種、2.7mくらい）
●最も長いウミヘビ：ラセンウミヘビ（2.7mくらい）

サンゴ礁のハンター

ウツボ

■ サンサン　サンゴ礁

✷ くねくねした体にすべすべ皮膚の元気者
✷ 緑色の皮膚をもつ、かくれんぼ名人
✷ 魚、甲殻類、タコを食べる

　わたしは、上から下まで続く長いヒレ、風変わりな平たい頭で、ちょっとだぶだぶした感じなんだ。くつした人形みたいにも見えるよ。でも、わたしはお遊び仲間じゃあない。オニカマスとかウミヘビのような大ハンターだけが、わたしと肩を並べられるんだ。

　わたしは夜中に餌を食べるが、待ちぶせをするのも得意中の得意。わたしのお気に入りの場所は、古いパイプや沈没船の窓だ。そのあたりで大口を開けてうろうろしているよ。おいしそうなものが近くを通り過ぎたら、それに突進してしっかりつかまえ、カミソリのような歯でかみくだいてしまう。喉の奥には恐ろしい２つ目のあごがあって、これで獲物を食道の中に引きずりこむんだ。人間とはつきあわないようにしているけど、通りすがりのダイバーをガブリとやることは知られている……。それで、悪い評判がたっちゃうんだ。

●最小のウツボ：スナイダーズモレー（11cmくらい）
●最長のウツボ：オナガウツボ（4mくらい）
●分布：世界中の熱帯または温帯の海

ウツボ

エイ

■ サンサン　サンゴ礁

✺ 尾にトゲのある平たい魚
✺ 海底で貝やカニを掘り出して食べる
✺ エイの針には毒があり、死に至ることもある

　ハロー、わたしはエイよ。サメの仲間なの。わたしは、硬い骨でなくゴムのような軟骨をもっている。ぶつぶつのあるわたしの皮は、昔、サムライが持つ刀の柄に使われていたんだって。

　わたしは、ひらひらの翼つきコートを着て、フードをかぶった魔法使い。恐ろしいという評判もあるわ。でも、ほんとうはやさしい性格よ。わたしはおとなしくて好奇心が強いの。「あなたが何をしているのかな？」って、泳いでいってヒレであなたをなでるわけ。傷つけにいくつもりじゃないわ。毒針ですって？　まったく、いつもいつも毒針なのね！　ハイハイ。仲間には、ムチのような尾を毒針で武装しているのもいるわ（全部ではないのよ）。針というよりも、むしろ歯──それも毒牙──のついた尾なの。恐ろしいって、知っているわ。でも、だれでも敵から身を守る工夫が必要なのよ。われわれの仲間には、時々電気ショックを出すものもいる。でも、ほとんどは海底を平和に泳ぎまわっていて、幸せなの。

●シビレエイ：強力な電気を発生する
●最も大きいエイ：ジャイアントマンタ（翼をひろげて平均6m）
●分布：世界中の、温暖な海岸域またはサンゴ礁

エイ

ヒョウモンダコ

■ サンサン　サンゴ礁

✺ 軟体動物の一員で、イカの仲間
✺ 最も強い毒性をもつものの１つ
✺ タコには心臓が３つあり、血は銅をふくんでいて青い

　われこそは、26人もの人間をあの世に送るほどの毒をもっている殺し屋だよ。わたしのくちばしは、どんなものでも指くらいの大きさに、簡単に切ってしまうんだ。かまれたら治療法はない。５分後には完全に死んでしまう。

　タコはふつう小さい。わたしは、ゴルフボールに足がついたくらいの大きさだ。内気ではずかしがり屋のわたしは、いつも貝のカラや岩の割れ目にひそみ、皮膚の色を変えてカモフラージュしている。カニやエビ、小魚を、そーっと、うまくとらえるためだ。わたしはジェット推進力で進むんだ。そして、もし危険なことが起きたときは、目くらましの墨を放つ。刺激されてパニックや恐怖、怒りを感じると、体のヒョウ柄模様（ヒョウモン）があざやかな瑠璃色に変わるんだ。あんたはそれでわたしに気づくんだけど、時すでに遅し、だよ！

●平均的な大きさ：5cm（体）、10cm以下（足）
●分布：日本からオーストラリア南部にかけての潮だまり
●最も重いタコ：ミズダコ（70kgくらい）

ヒョウモンダコ

第5章
広い海原で

　地球表面の半分以上は、海岸から遠く海底からも遠い、広大な外洋表層域です。ほとんどの生き物がくらしているのは、太陽の光がそそぐ上層200mくらいまでで、湧昇流が深海から栄養を運んでくる場所に集まります。そこはDNAを傷つける最悪の太陽光線から守られていて、くらしやすいのです。そこでは干上がる心配もありません。陸上のような厳しい暑さ寒さもありません。それに、生命を支える餌やミネラルも豊富です。結果として、この水域には多彩な生き物がいます。ちょっともぐってみましょうか？

プランクトン	クラゲ	泳ぎの速い魚
ウミガメ	シロナガスクジラ	イルカ
ホホジロザメ	オオアカイカ	海鳥(うみどり)

プランクトン

■ 広い海原で

✳︎ 動植物プランクトンと呼ばれる、海を漂う小さな生き物たち
✳︎ 春に大発生し、海の一部が緑色になる
✳︎ 植物プランクトンは、海の生き物のおもな餌になる

　緑でおだやかなわたしたちは、世界中の海洋を浮遊する微小な植物や動物の仲間。必要なのは、光、きれいな水、そして餌だけ。

　わたしたちのうちの一部は、ほんとうに小さい植物で、植物プランクトンといわれる。太陽の光を吸収して、世界中の酸素の半分をつくりだしているんだ（プランクトン、ありがとう！）。そばにぷかぷか浮かんで、われわれをむさぼるのは、クラゲ、節足動物、巻貝、イカや魚の幼生など。彼らは動物プランクトンと呼ばれるが、彼ら自身もまた餌になる。日没後に深みから上がってくる悪魔のような恐ろしいやつらに、すばやく食べられてしまうのだ。われわれは、ほかにも餌を探している魚、クラゲ、ウバザメや海鳥、アザラシ、トドやクジラをも魅了する。つまり、われわれは海でいちばん魅力的な生き物なんだ！

●最も小さいプランクトン：ピコプランクトン（0.0002〜0.002mm。細菌、微小原生生物）
●最大プランクトン：メガプランクトン（20cmから2m、ある種の海藻やクラゲ）
●春季ブルーム：海が暖かくなって生じる、植物プランクトンの大増殖のこと

プランクトン

クラゲ

■ 広い海原で

✺ 最も大きいプランクトン——脳がないのに自由に泳ぐ、不思議なやつ
✺ 刺胞動物の仲間
✺ クラゲの触肢の後ろに隠れて捕食動物から逃れる小魚もいる

　ゆーらゆら、ゆーらゆら。わたしは美しいダンサー。でもじつは、海のひそやかな、そしてとてもこわい存在。泳ぐというよりも、鼓動のようにゆっくり波うちながら浮いて、海の流れにまかせているの。

　わたしって単純そのもの。脳はもちろんのこと、中枢神経系もないし、皮膚で呼吸するのでエラのような複雑なものはいらない。体の90％以上が水分だけど、性格までジメジメってわけじゃないの。わたしの触手にはバネじかけの毒矢がずらっとしこまれていて、たまたまだれかが触れると、その毒矢が体内に発射される。人間を殺すほど強力な"死のカーテン"をもつ仲間もいるわ。植物プランクトンと同様に、わたしも条件がそろうと増殖する。わたしの幼生はほんとに小さいんだけど、あるとき突然成熟して茶色いゼリーみたいになって、瞬時に何百、何千もの幻想的なゆーらゆらを生じるのよ。

● 致死性が高いクラゲ：ハコクラゲ
● 触手が長いクラゲ：キタユウレイクラゲ（触手の長さ37ｍくらい）
● 分布：世界中、すべての海

クラゲ

泳ぎの速い魚

■ 広い海原で

✺ 水の抵抗が少なく、水中を弾丸のように泳げる魚
✺ マカジキやメカジキは単独で泳ぐ。マグロなど群れをつくる魚もいる
✺ これらの魚は生活のすべてを動きながらおこなう──休むことさえも

　広い大洋を制しているうえに、イナズマのようなスピードが出せるので、わたしたちは夢中で泳いでいるの。わたしたちがきらりと身を光らせてすばやく泳ぎ去るところを、ちらっとでも見てごらんなさい！

　わたしたちは流線型で、魚雷に似た体形をしているのよ。目は体にぴったりついているし、かたくて細いヒレは溝にしまえる。足手まといになるようなものはバイバイ。ウロコだって、多すぎてはだめよ。マカジキ、バショウカジキ、メカジキのように最も速い仲間は、剣のような口をもっていて、それで水を切り開くの。わたしたちのなかには、いっしょになって大群をつくるものも多い。餌としては、ニシンやイワシの仲間が好き。彼らがぐるぐる渦を巻いて泳いでいるところをつかまえるには、すごいコントロールが必要なのよ。だから、体の両側に特に敏感な細胞が帯状についていて、狩りをしている仲間どうしがぶつかり合うのを防いでいるの。

● 最速の魚：バショウカジキ（最大瞬間速度110km/hくらい）
● 遠くまで泳ぐ魚：マグロ（大西洋西岸から地中海まで）
● 大西洋横断に119日かかったという記録がある（マグロ）

泳ぎの速い魚

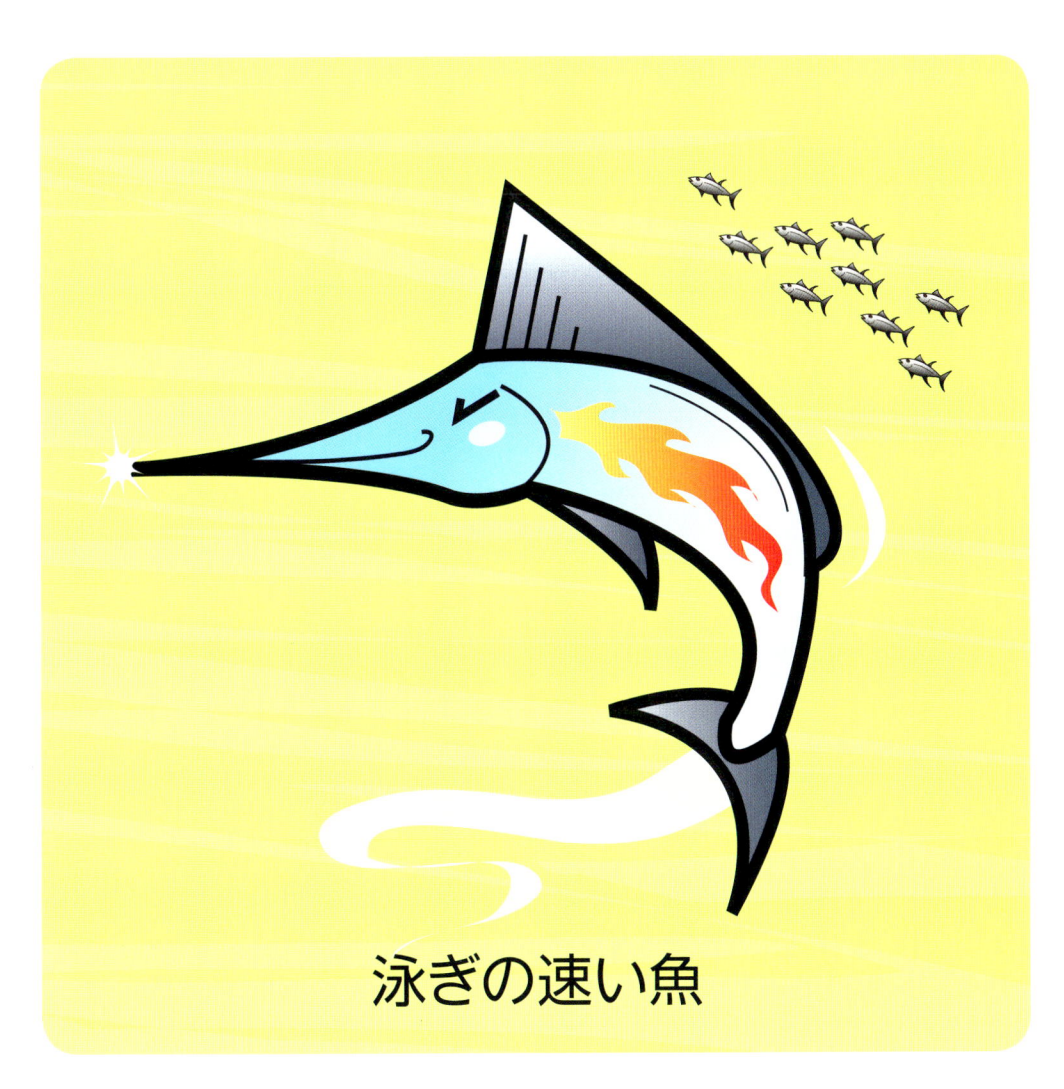

ウミガメ

■ 広い海原で

☀ 寿命が約80年もある、海の爬虫類
☀ 最も毒性が強いハコクラゲに免疫があるのは、ウミガメだけ
☀ 月明かりのもとで、海辺に産卵する

　わたしは、水の世界の老貴婦人。世界の海をずっと遠くまで、そして広く放浪している。平和主義者なんだけど、残念なことにわたしって、絶滅危惧種になりそうなの。

　わたしは、呼吸するために水面に出ないわけにはいかないんだけど、でも水の中のほうがずっと居心地がいいわ。実際、わたしは、産卵のためにしか海岸には行かないのよ。カメの赤ちゃんにとっては、生きるってとってもたいへん。浜で産まれたら、ギラギラと目を輝かせて探している海鳥たちをふりきって、海まで行きつかなくてはならないの。海に入っても、飢えた魚や荒々しく乱暴なサメから身をかわさなくてはならない。オサガメはくちばしが鋭く、夜もよく目が見えるので、クラゲを餌にして生きている。一方、アオウミガメは海藻や海草を食べているし、タイマイはカイメンが好き。とても長い距離を旅するけれど、変温動物なので暖かい海がいいな。寒い気候では動きが鈍くなってしまうの！

●最も大きいカメ：オサガメ（甲羅の長さは約2m）
●1回に産卵する卵の数：50〜200個くらい
●分布：北極海以外のすべての海

ウミガメ

シロナガスクジラ

■ **広い海原で**

✴ 水生哺乳類、今まで地球上に存在した動物のなかで最大
✴ 30分以上も水中にもぐることができて、歌が好き
✴ 最も近い親せきは、よたよたとぶきっちょ歩きをするカバ

　わたしは海にもぐった宝物、地球の不思議の1つだよ。体はほとんど水の中で見えないけれど、スクールバス2台分くらいの大きさで、最も大きかった恐竜よりも、もっと大きいんだ。
　心臓は車と同じくらいの重さだし、両方の目なんてサッカーボールほどもあるんだ！　長くもぐったあと、水面に出てはき出す息は、濃縮されて空中高く9mも噴き出す！　わたしは大食いで、巨大な胃を満たすためにたっぷりのオキアミが必要だ。実際、毎日約4tも食べているんだ！ただ、わたし自身は大口を開けて水を飲みこんでいるだけなんだよ。海水が、魚やオキアミを引き連れてくる。口"ヒゲ"から水だけをこし出すと、やつらは口の中に残っちゃう。それをありがたくいただくってわけ。何トンものオキアミのおかげで分厚い脂肪層ができ、わたしは暖かくしていられる。水を飲みこむだけなんだから、わたしの身は潔白でしょ。体にフジツボがいっぱいくっついて、真っ白とはいえないけどね！

●最も大きいシロナガスクジラ：長さ約30m
●泳ぐ速さ：平均時速20km
●コミュニケーション：1600km先まで声が届く

シロナガスクジラ

イルカ

■広い海原で

✺ 脳の大きな哺乳類。家族集団で群れてくらす
✺ 尾を上下させて泳ぐ
✺ 右の脳と左の脳を交互に眠らせ、いつもどちらかは起きている

　ネズミイルカとマイルカが元気に飛び跳ねています。海のショーのスターたちです！　見逃してはいけませんよ。わたしたちはいつも笑顔であなたをむかえる、陽気な仲間です。

　マイルカの頭と口はとがっているけど、そのなかにはすばらしく利口な脳が詰まっているんだ。ネズミイルカだってそれにおとらないけど、体型がもっとなめらかで、口は短めだ。われわれはどちらも、頭がいいので有名なんだ。魚の位置は、カチカチという音と超音波で探るし、すばやく泳ぎながらも、カチカチ音と口笛でおしゃべりをするんだ。それに、いつも新しい技を学んでいる。泡を立てて魚を追いたてたり、海面すれすれに泳いでみたり。スピーディーなイシイルカは、われわれの仲間では最も速く泳ぐし、くるくる回るマイルカは、空中で4回も回転できるんだ。拍手！

●イシイルカの速さ：時速55kmくらい
●巨大な群れ：1000匹以上のグループになることもある
●寿命：45〜50年くらい（バンドウイルカ）

イルカ

ホホジロザメ

■広い海原で

✸ 海で最大のハンター
✸ 筋肉のかたまりのような強力な尾ビレを使って泳ぐ
✸ 大きなあごでかみつくが、このあごは頭蓋骨にくっついてはいない

　すばやくて命とり。わたしはとてもいい感覚システムを備えて、餌を求めて泳ぎまわっている。ほんと！　わたしが歯を見せてニヤリとするのを、魚たちは絶対に見たくないだろうね！
　ほかの生き物たちにはお気のどくだが、わたしは探知能力に優れている。鋭敏な聴覚と電気センサーでほかの魚の動きを検出するし、臭覚も鋭くて、5km先の水に血がほんの少し混じっているのもかぎつけてしまう。歯は列になって成長し、古い歯が落ちると新しい歯が前に出てくるから、いつも輝く新しい歯が使えるってわけ！　それにもかかわらず、人間はほとんどサメの攻撃をかわしているんだ。どうしてかって？　わたしの最初のひとかじりは、ちょこっと味見をするだけだからさ。人間はおいしくないから、めったにかみつきはしないよ、本格的にはね。わたしの目はけっして閉じないんだけど、攻撃するときは目をやられないように、目玉を回転させて隠すんだ！

●最大のホホジロザメ：6m以上
●歯の形：正三角形で、縁がのこぎりのようにギザギザ
●歯の数：約300本

ホホジロザメ

オオアカイカ
■ 広い海原で

● ふつうの魚よりもスマートですばやい
● 水深300mより深いところに潜んでいる
● 体の色を変化させて、仲間に合図する

　わたしは赤い悪魔（と、ペルーの漁師たちは呼ぶ）。南アメリカ西岸を流れるペルー海流に乗って泳ぐ。1000匹以上の集団で、深みから勢いよく泳ぎ、仲間に危険を知らせるときは、赤・白に点滅する。

　小さいヒレと弾丸のような体。わたしの体型は、スピードを出すようにつくられている。わたしは、水管から勢いよく水を噴き出して、反動で後ろ向きに泳ぐんだ！　ふれて味わうという食べ方もあるけれど、わたしの主義は、まず先に食べて、味の調査は後回しだ。2本の触腕で餌を口に持ってくる。トウモロコシを食べるときみたいに獲物をくるくる回しながら、とがったあごで引き裂くんだ。わたしの仲間は、集団でもっと大きい動物を狩ることもある。もし、わたしと泳ぎたいなら、すごくじょうぶな潜水服を着なくてはいけないよ。ふちがのこぎり状でカミソリのように鋭い吸盤にやられたら、楽しんでなんていられないからね！

● 大きさ：長さ1.75m、重さ50kgくらいにまで成長する
● 最高速度：時速約24km
● イカは、触腕のほうが頭側（つまり、前）。ヒレのあるほうが後ろだ

オオアカイカ

海鳥
うみどり

広い海原で
うなばら

* ミズナギドリ、ペンギン、カツオドリ、アジサシなど
* 食事は海でとるが、ねぐらは陸上に大きいコロニーをつくる
* 世界を旅するこれらの鳥は、ほかの多くの鳥よりも長生き

　ギャー！　うるさい！　わたしたちは、羽毛をもつ、にぎやか美食家集団です。日々の糧の魚やイカ、貝を求めてどこまでも行きますよ。

　仲間には、アジサシ、ウ、カモメ、グンカンドリ、トウゾクカモメ、ウミバト、カツオドリ、ペリカン、ミズナギドリなどがいるわ。魚をとるテクニックはいろいろです。水面をすくいとるようにとるもの、水の中に飛びこんで徹底的に追いつめてとるものなど。防水は欠かせないから、われわれは尾の付け根に脂肪腺をもっていて、くちばしをそこに浸してから羽づくろいします。仲間には、オリンピックに出たら金メダル級のものもいるわ。アホウドリが羽を広げると、今生きている鳥のなかではいちばん大きいの。一方、キョクアジサシは、北極海で子を産んで、その後南極まで行って、またもどってくる長距離マラソンランナー。残念なことに、巨大なアホウドリは地球上で最も絶滅が心配されている鳥なの。

● 最小の海鳥：ウミツバメ（13〜26cm）
● アホウドリの翼の長さ：大きいもので約3.5m
● キョクアジサシの回遊：毎年約8万km（地球を2周分）

海鳥
うみどり

第6章
深海紳士録

　深海とそこにすむ生き物たちは、やみに包まれています。わたしたちは深海について、火星の表面ほどの知識もありません。熱帯地方にあっても、深海の底は凍てつく冷たさだし、水圧は頭蓋骨を押しつぶすほどです。死んだ植物や動物のチリのようなもの、マリンスノーが絶え間なく上から降ってきます。この奇妙な場所にすむ魚は、黒くて小さいけれど口は大きく、胃が伸び縮みするものもいます。ウロコはなく、筋肉はたるんでいて、泳ぐのは得意ではありません。とてもきれい、ともいえません。でも、光を使ってすごいマジックができるものもいっぱいいます。なにかを探したり、たがいに会話するのに光を点滅させるのです。

サンキャクウオ	チョウチンアンコウ	ヌタウナギ

ナマコ	熱水噴出孔 <small>ねっすいふんしゅつこう</small>

サンキャクウオ

■ 深海紳士録
* 腹ビレと尾ビレが長くなった3本のヒレで立つ
* 目はほとんど見えないが、圧力に敏感で触覚も優れている
* 雄の部分も雌の部分もある（雌雄同体）

　泳ぐときはゆっくり、海底で休むときはわしの長いヒレを使うのじゃ。この3本のヒレは、わしが泳ぐときはひらひらと引きずられているのだが、食事のときはしっかりとわしを支えてくれる。いったん位置を決めたら、わしは流れに顔を向け、胸ビレを伸ばしてエビやプランクトンの気配を感じ、そばに流れてきたらさっと飛びつくのじゃ。

サンキャクウオ

● 平均的な大きさ：約36cm

● ヒレの長さ：1m以上

● 水深5600mの海底に生息するものもいる

チョウチンアンコウ
深海紳士録

- ✹ 発光するルアーで釣りをする魚
- ✹ 上向きの口、しなやかなあごをもつ
- ✹ 雄が雌にくっついて寄生する種もある

チョウチンアンコウ

　ぼくの名前は、英語で"深海の釣り魚"。深海にすんでいるし、餌をおびき寄せるし、そして魚だし……。ぴったりの名前でしょ！見た目はかっこよくないけど、ぼくの暗いでこぼこした皮は真っ暗な中でカモフラージュになっている。ぼくはのろのろとしか泳げないんだ。だから釣りをする人がだいたいそうなように、ぼくもぶらぶら徘徊している。光る疑似餌を、口中びっしり生えた歯の前でぶらぶらさせて、待っているだけ！

- ●雌のほうが大きい（雄は約3cm、雌は約18cm）
- ●発光は、共生する発光バクテリアによる
- ●分布：外洋の深海

ヌタウナギ

■深海紳士録

* あごやヒレをもたない、原始的な魚
* 英語ではスライムイールともいう
* 20ℓのバケツの水を1分でどろどろにできる

　おれたちは深海底の海ぞく。暗やみから急に現れて、弱っている魚や病気のやつを攻撃するんだ。恐ろしい伝説がおれたちを取りまいている。体をくねらせて動物の中に入り、内側からそいつを食べる、というのだ！おれは実際おぞましい！　ごく原始的な眼点は、光をかすかに感じる程度だ。何か月も何も食べずに過ごすこともある。だから、クジラの死骸がまるごと海の底で腐っていたりしたらすばらしいお宝だ！　あごはない。けれど歯状の吸盤で餌を押さえつけて、喉まで引きずってくるんだ。いちばん気持ち悪いおれの習性は、粘液をつくることだ。これは、水と反応してどろどろゼリーになるんだ。危ない状況になったら、自分の体をまるめて結び目をつくり、そこを頭から尾にかけてスルッと通す。自分の粘液膜といっしょに敵が取り除ける。うまい戦略だろ。

●最も大きいヌタウナギ：約127cm（エプタトレタス・ゴリアテ）
●最も小さいヌタウナギ：約18cm（ミクサイン・ピケノイ）
●ウナギ皮の財布やバッグは、ヌタウナギを使ってつくられている

ヌタウナギ

ナマコ

■ 深海紳士録

* 単純な棘皮動物。ヒトデやウニの仲間
* この無脊椎動物は、深海底で大きな集団をつくっている
* 生活の90％以上を、漆黒の海の中でおくる

　わたしはとても単純な生きもの。ぐにゃぐにゃの袋と革のような皮膚、一方の端に口がついているだけだ。海底の泥の中がいちばん落ち着くんだ。それってずーっと広がっているから、わたしたちはどこにでもすめるっていうことだね。

　深海で最もふつうにあるのは、海の上の方から降ってくるマリンスノーや、目に見えないほどの有機物が堆積したものだ。これがわたしの食事の大半をしめていて、海の底をうろつきながら吸い上げるんだ。わたしはびっくりするくらい簡単なつくりなのさ。サンゴ礁にすむ仲間には、体を液体のようにやわらかくして裂け目にすべりこんでしまうものもいる。反対側に出てから体をもう1回つくりなおすんだ。わたしは危険な目にあうと、体の一部を肛門から放出することもあるんだ。これは、自分にとってもたいへんなことだけど、捕食者を混乱させることまちがいなし。それに、何かをなくしたとしても、わたしはなんでも再生することができるからね。

● 平均的な大きさ：10～30㎝
● 平均寿命：5～10年
● ある程度成長するまで親の体内で過ごすナマコもいる

ナマコ

熱水噴出孔
■深海紳士録

✺ 海底から、ミネラルを豊富にふくんだ熱水が噴出する
✺ ブラックスモーカーとかホワイトスモーカーと呼ばれるチムニーを形成
✺ チムニーの活動期間は予測不能。数年から100年程度まで

　おこりっぽくて気難しくて、いつも渦巻く粒子の雲に取りまかれている。おれさまは、地球のプレートがおたがいに離れようとする場所に現れるのだ。

　海底の岩は、水でおおわれているが、その下では、地球の深いところから熱が昇ってくる。その熱が海底を流れている水を熱し、海に裂け目を生じさせると、ミネラルたっぷりの高いチムニー（煙突）がつくられる。おれさまは、地球上で太陽エネルギーに養われていない生き物が存在する、ただ1つの場所だ。そこには風変わりな、眼のないカニやエビ、赤いジャイアントチューブワーム、巨大な貝やポンペイワーム──地球上で最も高温に耐える生き物──などが、80℃という高温から20℃くらいの水温の水の中で居心地よさそうにくらしている。

● 熱水噴出孔の発見：1977年
● 最も高いチムニー：約60m（大西洋）
● プレートがたがいに離れつつある境界：発散型境界と呼ぶ

熱水噴出孔

第7章
お寒いやつら

　北極と南極の海は、1年のほとんどを氷に閉じこめられている、寒い場所です。そこの生き物は、足やヒレや羽が凍りつかないように、いつも気をつけていなければなりません。だから、彼らは太っていて、冷たい水の中でも温かさを保てるように、皮膚の下に脂肪の層をもっているのです。こんな高緯度の場所はとても厳しい環境だから、動物はもっと温暖な気候のところに移っていくだろうと思うでしょう？　ところが、湧昇流がおいしい餌を持ってきてくれるし、毎年1回プランクトンの大発生があるので餌は豊富で、けっこういいくらしができるのです。さあ、お寒いやつらの勢ぞろい！

かいひょう 海氷	たなごおり 棚氷	オキアミ
コオリウオ	イッカク	シャチ
セイウチ、アザラシ、アシカ	ホッキョクグマ	ペンギン

海氷
お寒いやつら

- 海水が凍ってできる氷
- 北極にも南極にもでき、大きな氷のかたまりをつくる
- 定着氷は海岸にくっついているし、流氷は浮かんでいる

　ぼくは流れ者——浮かんでいるのが好きなんだ。海水が凍るほど寒い時に、ぼくはできるんだ。氷になる時、塩分の一部を出す。氷は液体の水よりも密度が小さいので、ぼくは海面に浮かぶんだ。季節によって大きさを変えながらね。冬は大きくなるし、夏には融けて縮む。過去何年も、世界の海の温暖化でぼくは少なくなってるんだ。ヒョー、まずい！

海氷

- 海水の氷点：−1.8℃
- 両極の冬の海氷面積：1560万km^2
- 氷の平均的な厚さ：1〜4m

棚氷

お寒いやつら

- ✵ 陸上の氷河などが海に押し出されてできた氷原
- ✵ 氷は圧縮された雪でできているので、真水の氷だ
- ✵ 棚氷から大きなかけらがポキッとはずれて浮かんだものが、氷山だ

棚氷

わたしって、完全に冷たいの。わたしにすり寄ってきても、冷たくあつかわれるだけよ。きょうだいの海氷とちがって、わたしは雪が圧縮されて氷河になってできたのよ。氷河として海岸まで流れていき、最後は滝のように海に飛びこむの。圧縮されてできたので、わたしはふつうの氷よりも密度が高いの。それで、わたしの90％は海面下にあるわ。ブルブルだわー。

- ●棚氷の厚さ：100～1000m
- ●記録された最も大きい氷山：氷山B-15（長さ295km、幅37km）
- ●1912年、処女航海中のタイタニック号は氷山と衝突して沈没した

101

オキアミ

■ お寒いやつら

* エビに似た節足動物で、カニやザリガニの仲間
* 何百万という群れでくらしている
* 多くの海の生き物にとっての、おもな餌となっている

　海の生き物の大半がぼくらを餌にしているんだから、生きるって厳しいんだよね。天文学的な数のぼくたちが寄りそいあって、クジラやペンギン、イカ、アザラシやその他たくさんの魚たちを警戒しながらくらしている。ぼくらは1秒間に5cmから10cmくらいしか泳げないけど、危険が迫ると尾をパチッとはじいて水の中をさーっと逃げるんだ。ぼくらって、究極のファーストフードだぜ！

　海面から100mも下の寒さと暗やみの中で、ぼくらは捕食者を避けてくらしているんだ。夜になると集団で海の上のほうに行き、ものすごく小さな植物プランクトンを食べる。1つの種としては地球上で最もバイオマス（生物量）が大きい。人間の2倍以上あるよ。ライバルは微小な節足動物のカイアシ類だけだ。ぼくらは小さいけれど、とっても大事な生き物だよ。なにしろ、ぼくらがいないと南の冷たい海の生き物は生きていけないんだからね。

● 平均的な大きさ：5cm
● 利用：釣りの餌、熱帯魚の餌、食用（魚醤など）
● 分布：南氷洋全域

オキアミ

コオリウオ

■ お寒いやつら

- 南極水域にすむ、ごく近縁の魚たち
- −2℃までの温度でも生き延びる
- 100種以上が知られている

　ブルル……寒いのはイヤダー。だけど、わたしには氷点下の南の海で生きていかなくてはならないという使命がある。わたしや仲間たちは、そのための特別装備をしているよ。血中に、低温でも凍らないタンパク質をふくむものもいる。これは、体が凍るのを防ぐんだ。赤血球をまったくもたないものもいる。彼らの血はサラサラで、寒いときにもよく流れるんだ。

コオリウオ

- 海底で過ごすので、浮き袋をもたない
- コオリウオが生きられる水温：−2〜4℃
- 大きさ：長さ15cmくらいまで

イッカク
お寒いやつら

* 中型のクジラ。雄のまっすぐな牙には、らせん状に溝がある
* 海生哺乳類のなかでも特に深くもぐる
* 20匹くらいまでのグループで移動する

イッカク

わたしは、北の海の老水夫。北極海の探検家だ。海氷の下にある、昔からの道を往復している。1500mももぐって、海底で魚や小エビやイカをとらえながら進むんだよ。わたしの牙は、左の前歯がとても長くなったものだ。わたし自身は、シャチやホッキョクグマ、イヌイットたちにつかまってしまう。わたしの脂肪が、彼らのおもなビタミンC源だから。ビタミンCなら、オレンジからとってほしいね！

● 平均的な大きさ：4～6m
● 牙の長さ：2～3mくらい
● 分布：北極海のグリーンランド、カナダ側、およびロシア側の一部

105

シャチ

お寒いやつら

- イルカの仲間で、非常に利口なハンター
- 10〜20匹で集団移動する、獰猛な捕食者
- 雄の背びれは、成人男子の背よりも高いことがある

　おれは、つるつる皮膚の殺し屋——おれの学名"オルカ"は、"死の淵より"という意味なんだ。おれの大きな黒い背ビレが水を切って近づくのを見たら、海の生き物だれもが祈りを唱えたほうがいいってこと！

　おれは残酷なんだ。獲物のねらいを定めたら、子分たちといっしょに何時間でもつきまとって、狩りをするぜ。母クジラからすばやく子どもをうばって、おぼれさせる。ジンベエザメを恐怖におとしいれたり、シロナガスクジラをさかさまにして窒息させたりすることもできるんだ。頭を海面から出して、流氷に避難しているアザラシの子に目星をつける。そしたら、その氷をゆすったり、そこに水をかけたりして、水の中に引きずりこみ、尾を打ちつけて殺してしまう。時に浜に押し寄せて、自分も乗り上げそうになりながら、うまそうなトドの子どもを引っつかむ。おれって、たしかに殺し屋！

- ●平均的な大きさ：6〜8m
- ●寿命：80年くらいまで
- ●分布：世界中の海だが、冷たい水を好む

シャチ

セイウチ、アザラシ、アシカ

■ お寒いやつら

* アシカ類と呼ばれる、ヒレ足動物3きょうだい
* おたがいを認識したり、コミュニケーション手段として警笛を鳴らす
* 出産・育児は陸でおこなう

　たる型体形、皮下脂肪たっぷりのヒレ足ファミリーをご紹介します！重さ2000kgを超えるセイウチはすぐにわかりますね。大きな牙やひげをごらんください。

　わたしたちアザラシは泳ぎがじょうずだし、潜水も得意だよ。潜水中は鼻の穴を閉じるんだ。心臓はふつうより10倍もゆっくり鼓動して、必要のないところには血を送らない。そうすることで、海の中にそれだけ長くもぐっていられるからね。その間、分厚い脂肪層が体を暖かく保ってくれるんだ。親せきのアシカやオットセイは、わたしに似ているけど、鼻が犬みたいで、小さい耳をもっている。彼らの後ビレは後ろにいったり前にいったりして陸上で歩くことができるけど、わたしたちアザラシのはもっと魚の尾に似ているんだ。これは、陸上では役に立たないよ！

● 潜水：1500mくらいまでもぐる
● 最大のヒレ足動物：ミナミノゾウアザラシ（約4m）
● 絶滅危惧種：トド、ハワイモンクアザラシ

セイウチ、アザラシ、アシカ

ホッキョクグマ

■ お寒いやつら

✺ シロクマとも呼ばれ、頭から尾の先までで約3mある
✺ 海氷の上で餌を狩る
✺ 母熊は冬に子どもを産むが、その際5か月間は何も食べない

　ぼくのこと、ナヌートと呼んでおくれ。これって、イヌイットの呼び方なんだ。いい響きでしょ？　ぼくはとっても重たいよ。陸上の肉食動物では最も大きいんd。え、なぜこの本に陸の動物が出てくるのかって？

　ぼくの学名"Ursus maritimus（ウルスス　マリティムス）"がヒントをあたえるかな。つまり、ぼくは"海（marine）のクマ（ursus）"。多くの時間を海で過ごすからね。5日ごとに、氷の上でアザラシ狩りをしている。180kmくらい、軽々と泳げるよ。岸から100kmくらい離れたところにいることもよくあるんだ。ぼくの体は熱を逃さないようにじつにうまくできている。黒い肌は二重の毛皮で暖かく保たれているんだ。外側の保護毛は透明なんだけど、遠目には白く見える。2km先からでもアザラシのにおいをかぎつけるので、海面に上がってくるのを静かに待つんだ。やつらは必ず上がってくるからね。巣穴の子どもをとらえるためには3mもの雪を掘り起こすこともあるよ。すごいでしょ！

● 成体（雄）の重さ：400〜800kg
● 走る速さ：毎時約40km
● 分布：北極圏——アラスカ、カナダ、ロシア、グリーンランド

ホッキョクグマ

ペンギン

■ お寒いやつら

* 海での生活にぴったりな、丸ぽちゃの南極の海鳥
* 流線型の体、ヒレのような羽をもち、骨は重い
* とほうもなく力強く、美しい泳ぎをする

　ほーら、だまされたね！　わたしは、燕尾服を着たかわいいペンギンではなくて、機敏なツートンカラーの忍者なんだ。わたしは、水の外でちょっとだけバタバタしているよ。でも、どうしたらいいんだ？　体はずんぐりしているし、よたよた歩きだし、飛ぶこともできない。だけど、水の中に連れていってみてよ。オキアミを求めてさーっと泳ぐから。

　わたしは、がんじょうなんだ。船を２つにポキッと折るような、くだけ散る波に乗って上陸する。うまい具合に岩にあたって跳ね返るんだ！　背中が暗く、腹側が明るいという色の組み合わせは、水の中で見つけにくい。厚い毛布のような羽毛と脂肪層があるので、凍えそうな海でも暖かくしていられるよ。卵を温めるのは、２か月間も足に卵を乗せてバランスを保ち続けるコウテイペンギンの雄に限るよ。彼らは厳しい南極の嵐の下で、凍えないように何百羽も体を寄せ合って過ごす。これこそ男の絆だね！

●最も大きいペンギン：コウテイペンギン（身長約1m）
●最も速く泳ぐペンギン：ジェンツーペンギン（毎時約36km）
●分布：南半球（おもに南極）

ペンギン

第8章
海の探検者たち

　ここに出てくる勇敢な探検者たちは、人間が海をどう調査したかを明らかにします。海にはまだ探検されていないところがいっぱいあるので、探検者たちにとって未来は明るい（かもしれない）けれど、人間どもはいろいろな問題を引き起こしています。3000ものロボットが10日に一度、海中を探査して基地にデータを送っています。それによると、海中の食料資源を、人間は取りつくしてしまっています。また、あとからあとから垂れ流される汚染物質などが外洋や海岸線を汚しています。海温の上昇もあります。これは最も大きい脅威です。このままだと地球船は沈没しますよ。その前に、なんとか水をかき出さなくては……。

ダイビング	せんすいてい 潜水艇	さいくつ 石油採掘
かんきょう お せん 環境 汚染	漁業	

ダイビング

■ 海の探検者たち

- ✹ 水の中の世界をちらっと見る、簡単な方法
- ✹ 特殊装備があれば、もっと深いところまで探検できる
- ✹ 釣り、調査、捜索、救助、レジャーなどに利用される

　ぼくはほんとに刺激的。まったく新しい世界へのとびらだよ。いちばん簡単なのは、ふつうの泳ぎをもう一歩進めるだけだけど、それ以上のものが得られるよ。大きく息を吸って、頭を水面下にもぐらせて見てごらん、ほーら、ね！

　すもぐりは、だれもがやるね。水面下で息を止めて、魚を追ったり、競争したり。シュノーケルを使うと、もぐるのがもうちょっと簡単になるし、それにダイビング用の水かきをつければ、もっと強力だ。これにタンクとレギュレータを加えれば、潜水夫が着るスキューバダイビングキットだね。深くもぐるほど、難しいことが起きてくる。水圧は高くなるし、温度は下がってくる。ダイビングは危険をともなうんだ。深いところから急に浮き上がると、潜水病による関節痛で、障害がのこったり、死ぬことだってあるよ。

- ●フリーダイビング記録（水かき使用）：273m（ゴラン・コーラック氏、2011年）
- ●最も深くまでもぐる哺乳類：3000m（マッコウクジラ、90分潜水）
- ●ゾウアザラシの平均潜水時間：1時間

ダイビング

潜水艇

海の探検者たち

- 有人、無人にかかわらず、このちびはものすごく深いところまで行く
- 高圧に耐えるようにがんじょうな構造になっている
- 有人探査の場合は、内部は大気圧を保っている

調査船の後ろから出発し、深い漆黒のやみを旅するの。わたしのがんじょうな鋼鉄の殻は、人間ではとても耐えられないほどの高圧でも大丈夫。無人の場合は、わたしは探検ロボットみたいな形のリモコン探査機（ROV：遠隔操作で動く水中探査機）になる。わたしの仲間には、最も深い場所、チャレンジャー海淵（1万924m）におりていったものもいるわ。

潜水艇

- チャレンジャー海淵を訪れた潜水艇：トリエステ、かいこう、ネーレウス
- アルビン：1977年に熱水噴出孔を発見した潜水艇
- しんかい6500：深さ6500mまでもぐれる日本の有人潜水艇

石油採掘
海の探検者たち

- 化石燃料を求めて海底を掘る荒くれ者
- この人工の島の正式名称は、海上石油掘削基地という
- 人間がつくった世界の巨大構造物の1つ

海底の岩盤には、しばしば化石燃料やガスがふくまれていて、わたしの仕事はそれを取り出すことなんだ。ふつうは海岸近くにある。そのほうが仕事がやりやすいからね。わたしの体はほとんど海面下にあるけど、実際にはふつうの高層ビルよりも高いんだ。仕事はとても危険だ。可燃性の燃料を掘り出して高圧を加えてたくわえるから、つねに火災発生の危険と隣り合わせだよ。

石油採掘

- 最も深い掘削基地：ペルディードスパー（水深2934m、メキシコ湾）
- 最も大きい掘削基地：ハイバーニア基地（貯蔵庫の高さ111m、大西洋）
- ディープウォーター・ホライゾン基地：2010年に爆発、原油流出事故を起こした

環境汚染
海の探検者たち

* ゴミ、産業廃棄物、汚水……すべてが海を殺していく
* すぐ見分けられるもの（石油流出）と見えないもの（汚水）がある
* 毒物は食物連鎖のなかで蓄積し、濃縮される

　おれたちは、汚いはなたれ集団。波に乗って浮き沈みしているゴミ、流出石油、産業廃棄物、船のゴミ、汚水などだ。みんなで寄り集まって、海──この偉大な青い巨人──を汚しているんだ！

　ゴミ──これは最も目に余るやつだ。浜辺に見苦しいプラスチックのもつれたかたまりをつくっている。外洋では、海流がゴミを寄せ集めて、大きな"ベルト"ができている。ねばねばした濃い油の膜は、すべての生き物を苦しめる。動物性プランクトンは減ってしまうし、海鳥は飛べなくなる。魚や哺乳動物も息ができない。なかでも最もいやなのは、目に見えない汚染物質だ。汚水は、微生物の大発生をうながして、酸素をなくしてしまう。重金属、毒物や放射性廃棄物がもれ出すと野生生物がそれを体内にとりこんで汚染されるし、汚染された海産物を食べた人間もまた被害を受ける。おれたちってホントにひどい軍団なんだ。おれらのだれかにめぐりあうと、必ず悲惨なことになるよ。

● 海岸のゴミのうち、プラスチックの割合：約50％
● プラスチックのゴミによって殺される海鳥の数：毎年100万羽以上
● 日本で不法に捨てられたゴミは、ハワイ諸島やアメリカ西海岸まで流れていく

環境汚染

漁業
海の探検者たち

✳︎ 海から魚をとる世界的産業
✳︎ とりすぎないためには、網目の大きい網を使う
✳︎ ウミガメ除け装置は、カメが網にかかるのを防ぐ

　わたしは何千年もの間、海のめぐみをもらってきた。昔は、水の中は生き物であふれていた。魚を1匹釣っても、それ以上の魚が増えるから、なんの問題もなかった。

　現代は技術が進んで、需要も増えたため、わたしは海の生産能力を追い越すようになってしまった。ハイテクになりすぎたんだ！　偵察機や衛星での追跡、超音波魚群探知機のおかげで、漁師たちはいつも大当たりなんだ。だけど、だまされてはいけないよ。こんなふうに底ざらいするのは、結局は高くつくんだ。大きいタラは20年から30年の寿命なんだけど、北大西洋のタラでそこまで生きられるのは、今ではほんのわずか。ほとんどがおとなになる前にとられてしまうので、産卵して次の世代をつくるまで成長するものがいないんだ。だから、この調子でサイクルが回っていく……わけないよね！

● 世界で水揚げされる魚：年間約9000万t
● 漁業にかかわる人：約4億5000万人
● 5大漁業国：中国、ペルー、日本、アメリカ、インドネシア

漁業

用語解説

回遊　動物が、季節ごとにある場所から他の場所に移動すること。

刺胞細胞　毒液を注入する針を備えた細胞。

チムニー　熱水噴出孔にできる柱状の構造物。

潮間帯　満潮の時は海面下にあり、干潮では地面が現れるところ。陸になったり海中になったりする。

バイオマス　ある場所に生息する生物の量（重量またはエネルギー量で表す）。

ビーチコーミング　海岸で、漂流物などを拾い集めること。

プレート　地球表面をおおう、地殻のかたまり。プレートどうしの衝突が地震を生む。

貿易風　赤道上空を、東から西に向かって吹く風。日本の上空を流れているのは偏西風で、西から東に向かって吹いている。

ポリプ　サンゴの群体を構成する1つ1つの個体や、イソギンチャク、ヒドラなど。

マリンスノー　動物や植物の遺体などによる有機物が海底に沈んでいっているもので、深海にすむ生物の餌となる。

湧昇流　深層から表層に湧き上がる海水の流れ。

博物館案内

北海道立オホーツク流氷科学センター
〒094-0023　北海道紋別市元紋別11-6　電話0158-23-5400

環境水族館アクアマリンふくしま
〒971-8101　福島県いわき市小名浜字辰巳町50　電話0246-73-2525

千葉県立中央博物館
〒260-8682　千葉県千葉市中央区青葉町955-2　電話043-265-3111

千葉県立中央博物館分館　海の博物館
〒299-5242　千葉県勝浦市吉尾123　電話0470-76-1133

独立行政法人海洋研究開発機構（JAMSTEC）　横須賀本部　※要予約
〒237-0061　神奈川県横須賀市夏島町2-15　電話046-867-9073・9069

独立行政法人海洋研究開発機構（JAMSTEC）　横浜研究所地球情報館
〒236-0001　神奈川県横浜市金沢区昭和町3173-25　電話045-778-5318

海のはくぶつかん　東海大学海洋科学博物館
〒424-8620　静岡県静岡市清水区三保2389　電話054-334-2385

赤穂市立海洋科学館　塩の国
〒678-0215　兵庫県赤穂市御崎1891-4　電話0791-43-4192

琴平海洋博物館　海の科学館
〒766-0001　香川県仲多度郡琴平町953　電話0877-73-3748

高知県立足摺海洋館
〒787-0452　高知県土佐清水市三崎字今芝4032　電話0880-85-0635

海の中道海洋生態科学館
〒811-0321　福岡市東区西戸崎18-28　電話092-603-0400

沖縄美ら海水族館
〒905-0206　沖縄県本部町石川424（海洋博公園内）　電話0980-48-3748

※このほかの博物館、科学館、水族館にも、この本を持って行ってみよう！

読書案内

『海べの一日　干潟と磯の生物図鑑』〈絵本図鑑シリーズ16〉夏目義一、岩崎書店

『海中記』〈写真記シリーズ〉小林安雅、福音館書店

『すごいぞ！「しんかい6500」地球の中の宇宙、深海を探る』山本省三、友永たろ絵、くもん出版

『海』〈かがくの本〉加古里子、福音館書店

『サンゴしょうの海』〈たくさんのふしぎ傑作集〉本川達雄、松岡達英絵、福音館書店

『海のなか、動物は何してる？』〈科学であそぼう10〉内藤靖彦、佐藤直行絵　岩波書店

『海のこと』〈自然スケッチ絵本館〉キャスリン・シル、ジョン・シル絵、原田佐和子訳、玉川大学出版部

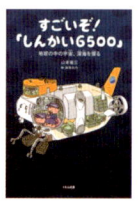

絵──**サイモン・バシャー**　Simon Basher

アーティスト兼デザイナー。イギリス在住。諷刺のきいた鋭敏な感性の持ち主で、シンプルな描線と華麗な色調で描かれるキャラクターは、切れ味のよさと愛くるしさの両方を巧みに融和させている。近年、そのユニークな作品はキャラクター・デザイン界で高い評価を得ている。本シリーズの構想企画も、彼の豊かで斬新な発想力に多くを負っている。

文──**ダン・グリーン**　Dan Green

素粒子物理学を専攻し、その該博な専門知識を存分に生かして、科学読物を手がけるフリーランサー。『101種の動物の描き方』『101種の怪物の描き方』『101種の滑稽な人物の描き方』など多数の児童書を執筆。専門書には、『素粒子物理学の講義』のほか、「素粒子検出器の物理学」「ハドロン加速器に関する高度な素粒子物理学」の2論文が、〈素粒子物理学・原子核物理学・宇宙論に関するケンブリッジ・モノグラフ〉シリーズに掲載されている。

訳──**小川真理子**　おがわまりこ

パリ南オルセー大学3eme cycle、東京大学工系大学院修士修了。東京工芸大学芸術学部教授。日本大学理工学部、東京工芸大学女子短期大学部を経て現職。工学博士。科学読物研究会会員。子どもと科学の本をつなげる活動を行っている。訳書に『代数と幾何』(玉川大学出版部)、著書に『科学よみものの30年』(共著、連合出版)、『学校の世界地図』(大月書店)など。

協力：宮　正樹（千葉県立中央博物館）

編集・制作：本作り空Sola
装丁：中浜小織（annes studio）

科学キャラクター図鑑
海の世界 命のみなもと！
2013年7月25日 初版第1刷発行

絵————サイモン・バシャー
文————ダン・グリーン
訳————小川真理子
発行者———小原芳明
発行所———玉川大学出版部
　　　　　〒194-8610　東京都町田市玉川学園6-1-1
　　　　　TEL 042-739-8935　FAX 042-739-8940
　　　　　http://www.tamagawa.jp/up/
　　　　　振替：00180-7-26665
　　　　　編集：森 貴志

印刷・製本——図書印刷株式会社

乱丁・落丁本はお取り替えいたします。
©Tamagawa University Press 2013　Printed in Japan
ISBN978-4-472-05935-3 C8044 / NDC452